苍南县
气象防灾减灾
科普教育手册（小学版）

苍南县气象局　编著

气象出版社
China Meteorological Press

内 容 简 介

苍南县隶属于浙江省温州市，位于浙江省东南隅。苍南虽然气候适宜，但是受地理位置、地形地貌和气候特征等因素的影响，气象灾害种类多、发生频率高、造成损失重。为加强本地气象防灾减灾知识普及宣传，苍南县气象局编制《苍南县气象防灾减灾科普教育手册》，面向小学生科普苍南本地常见的台风、暴雨、高温、雷电、大雾、冰雹、干旱、寒潮等气象灾害的识别与防御等内容，并设计小博士之窗，通过知识窗、实验窗、观察窗等与读者加强互动，达到科普宣传的作用。

图书在版编目（CIP）数据
苍南县气象防灾减灾科普教育手册 / 苍南县气象局编著. -- 北京 : 气象出版社, 2024. 8. -- ISBN 978-7-5029-8280-5
Ⅰ. P429-62
中国国家版本馆 CIP 数据核字第 20245TK692 号

苍南县气象防灾减灾科普教育手册
Cangnanxian Qixiang Fangzaijianzai Kepu Jiaoyu Shouce

出版发行：气象出版社
地　　址：北京市海淀区中关村南大街 46 号　　**邮　　编**：100081
电　　话：010-68407112（总编室）　010-68408042（发行部）
网　　址：http://www.qxcbs.com　　**E - mail**：qxcbs@cma.gov.cn
责任编辑：邵　华　宋　祎　　**终　　审**：张　斌
责任校对：张硕杰　　**责任技编**：赵相宁
封面设计：楠竹文化
印　　刷：北京建宏印刷有限公司
开　　本：787 mm × 1092 mm　1/16　　**印　　张**：6.75
字　　数：70 千字
版　　次：2024 年 8 月第 1 版　　**印　　次**：2024 年 8 月第 1 次印刷
定　　价：48.00 元

编委会

序 言

在大自然的宏大画卷中，气象无疑是最为灵动的一笔，从朝霞满天到夕阳西下，从晴空万里到乌云密布，天气变化无穷无尽，令人陶醉其中。但是，绚丽的风景中也隐藏着巨大的风险和挑战，台风、暴雨可能导致洪水、泥石流等自然灾害，随时威胁人们的生命和财产安全。

我国是世界上受气象灾害影响最为严重的国家之一，苍南县地处我国浙江省东南沿海，属于亚热带海洋性季风气候，天气变化剧烈，气象灾害多发。为了能够把气象科学和气象灾害防御知识在社会中广泛普及，苍南县通过"小手拉大手"方式，将普及对象从学生扩展到家庭成员。苍南县作为"全国校园气象科普教育示范县"，为了将气象科普宣传教育深入持久地实施下去，组织编撰了《苍南县气象防灾减灾科普教育手册》。《苍南县气象防灾减灾科普教育手册》共分九个章节，囊括了苍南县的地理、物产和气候特点，系统地介绍了台风、暴雨、高温、干旱、雷电、大雾、冰雹、寒潮等苍南县八大频发气象灾害的特征、危害，并提出了切实可行的防御建议。为了更加切合教学的要求，手册还通过设置知识窗、实验窗、观察窗、思考题等形式，增强书本趣味性和可操作性，让学生不仅能更好地理解气象知识，还能锻炼自己的创造力和实践能力。

相信该手册的出版，将会有效带动气象科学常识和气象防灾减灾知识的校园传播。不但能进一步传播科学思想，提高学生实践能力，培养学生的科学思维，还将极大地推动苍南县校园气象科普教育的发展，在我国气象防灾减灾科普教育领域中亮出一种新姿！

中国工程院院士

2024 年 8 月

前言

苍南县地处我国浙江东南沿海，属于亚热带海洋性季风气候，依山面海，大气运动非常活跃，各种气象灾害频繁袭来，给苍南县的人民生命与财产安全带来严重的影响和威胁。

苍南县气象局十分重视对气象防灾减灾的科普宣传教育工作，坚持通过以点带面、示范引导的方式，整合各类资源，在学校气象科普教育方面取得了显著成效，走在全国前列。目前，全县有108所小学和中学，近50所学校建有校园气象站，其中1所学校被评为全国气象科普教育基地，7所学校被评为浙江省校园气象科普教育基地，12所学校被评为温州市或苍南县校园气象科普教育基地，在2020年12月，苍南县被中国气象学会授予“全国校园气象科普教育示范县”的光荣称号！

为了巩固和发展“全国校园气象科普教育示范县”的先导作用，进一步提高校园气象科普教育的效用，苍南县气象局努力完善校园气象科普构件，在2024年春暖花开之际，召开了《苍南县气象防灾减灾科普教育手册》校本教材编写研讨会，确定了手册的编写内容，分派了各章的编写任务，启动了教材的编写工程。

该手册共分九个章节，囊括了苍南的地理、物产、气候特点和八大频发气象灾害——台风、暴雨、高温、干旱、雷电、大雾、冰雹、寒潮，以及由它们造成的危害和防御建议等内容。

第二章到第九章每个章节都包含了灾害的定义和介绍，突出危害特征介绍和防灾减灾避险逃生等指导。另外，还设计小博士之窗，通过知识窗、实验窗、观察窗、思考题等与读者加强互动，满足广大老师与学生的好奇心和求知欲，促使他们把书本拿起来、学下去，从浅入深、循序渐进地掌握知识，这也是该手册的一个特色。

此外，该手册所引用的案例大多是曾经发生在苍南县的灾情，具有更高的真实性和贴近性，能够使读者更加深刻地感受到气象灾害影响的严重程度，增强代入感和共鸣。再则，本书希望在传播气象防灾减灾逃生避险知识的同时，培养读者对自己家园的热爱和责任感，合理应对气象灾害和气候变化，共同守护我们的美好家园。

由于编著者学识浅陋，欠妥与疏漏之处在所难免，希望专家学者和广大读者朋友不吝赐教，多多给予批评指正！

本书编委会

2024 年 8 月

目录

第一章

我们美丽的家园——苍南

一 我们美丽的家园在哪里?

我们美丽的家园是苍南县，因地处玉苍山之南，取县名为苍南，隶属于浙江省温州市。苍南县位于我国东南沿海，浙江省沿海最南端，东南濒临东海，西南毗连福建省福鼎市，西邻泰顺县，北与龙港、平阳、文成等县（市）接壤，地理坐标为北纬 27°30′、东经 120°23′，下辖 16 个镇、2 个民族乡。总面积 1079.34 平方千米，其中陆地总面积 1068.71 平方千米，海岸线长 206 千米，整体地势是西南高、东北低，呈三角形地带。素有“浙江南大门”之称。

二 我们的家园美在哪里?

苍南之美，美在自然，依山傍海，山海相拥，有着丰富独特的自然景观资源，拥有国家级森林公园 1 处、国家地质公园 1 处、省级风景名胜区 1 处、国家 AAAA 级旅游景区 3 个、国家级 AAA 景区 5 个。特有的“168 生态海岸带”全长约 168 千米，沿岸的海水全年有 200 多天呈蓝色，滩涂面积约 97 平方千米，海岛 140 个，其中可开发的沿岸岛屿 11 个；沿海海滩 31 个，具有开发价值的海滩 16 个，其中渔寮沙滩是中国东南沿海大陆架上最大的沙滩。此外，苍南境内还拥有玉苍山、鹤顶山、笔架山、莒溪大峡谷等山岳自然景观，构成了山海苍南独特的自然资源。

苍南之美，不止山海，更具人文之美，其最具代表性的历史人文资源是三个“600年”文明。一是以世界矾都为代表的工业文明，矾山镇明矾采炼历史已有600多年，工矿遗址至今保留完整，是名副其实的“世界矾都”。二是以金乡卫城和蒲壮所城为代表的抗倭文明，已有600多年历史，至今成建制保存较为完整，见证了古代人民英勇抗倭的辉煌历史，承载着深厚的历史文化底蕴。三是以碗窑古村落为代表的农耕文明，碗窑古村落入选第一批中国传统村落，始建于明洪武年间，距今已有600多年，是中国历史文化名村的浙南古民窑的“活化石”。另外，苍南的畲族文化、渔俗文化、商贸文化也极具特色。

苍南之美，不止山海，还有舌尖之美。苍南山海美食遍布全县，山珍海味彰显特色，尤其是辽阔的海域与海岸线上分布着的众多沙滩、滩涂、岛屿、礁石等自然资源，滋养了大量优质的海产品，如渔寮沙滩的文蛤，滩涂上的海蜈蚣、蛏子，岛屿礁石上的牡蛎、辣螺，以及大黄鱼、梭子蟹、紫菜、虾皮等。同时，良好的生态、广袤的山地又盛产出四季柚、马蹄笋、五凤香茗等享誉国内外的特色农产品。矾山肉燕、桥墩月饼、金乡猪蹄、鱼饼、埔坪卤鹅等特色小吃琳琅满目，让人回味无穷。山海苍南，山海相拥，丰富的山珍海味凝聚成苍南独特的舌尖味道。

苍南之美，丰富多彩，不仅有山海、文化、美食，还有农业、工业、文化、商贸等，不断散发着独特的魅力，吸引着人们去探索、去感受、去热爱。

三 苍南县的气候特点

苍南县属亚热带海洋性季风气候，根据统计，苍南县年平均降水量约 1819.2 毫米，年平均降水日数 200.1 天，降水一般发生在每年 5 月至 6 月的梅汛期和 7 月至 9 月的台风期；年平均气温在 18.5 ℃左右，极端最低气温 -8.9 ℃，极端最高气温 42.5 ℃，平均无霜期 281.7 天，年平均日照时数 1751.2 小时。

气候上四季的划分有一套标准，是以日平均气温和 5 天滑动平均气温序列作为气候季节的划分依据，苍南县常年入春、入夏、入秋、入冬时间分别为 3 月 3 日、6 月 1 日、10 月 6 日和 12 月 18 日。

四 苍南县常见的气象灾害

苍南县虽然气候适宜，但是受地理位置、地形地貌和气候特征等因素的影响，气象灾害种类多、发生频率高、造成损失重，主要的气象灾害有台风、大风、暴雨、寒潮、低温、霜冻、道路结冰、冰雹、高温、干旱、雷电、大雾等。气象

灾害对苍南县的社会经济发展和人民生命财产安全造成严重的影响和威胁。

据不完全统计，2014 年至 2023 年苍南县受台风、暴雨等气象灾害及其次生灾害造成的损失占自然灾害损失的 90% 以上，经济损失占每年 GDP 平均的 3% 以上。

五 小博士之窗

知识窗

唐代大诗人白居易被贬到江州（现今江西九江）任司马，在初夏时节来到庐山的大林寺。山下四月已是大地春回，百花陆续凋谢，但在这高山古寺之中，他遇上了意想不到的“一片盛开的桃花”的春景，于是写下了名留千古的诗句“人间四月芳菲尽，山寺桃花始盛开”。

大诗人白居易不仅写出了他看到桃花时的惊喜，也反映了气温垂直分布的气象知识：在对流层大气中气温随海拔升高而逐渐降低，一般情况下，每上升 100 米，气温约下降 0.6 ℃。

这一个现象在苍南县也适用，根据苍南县气象站 2023 年数据统计，桥墩玉苍山站测得年平均气温 15.9 ℃（海拔 760 米），灵溪塘河站测得年平均气温 20.0 ℃（海拔 28 米），两个站点海拔相差 732 米，平均气温下降了 4.1 ℃。

实验窗　探究苍南的海陆风

1. 实验材料

记录本、指南针。

2. 实验步骤

（1）在晴朗的夏天，连续一周每天早晨、中午和傍晚课间固定时间，利用指南针观察学校操场五星红旗飘扬的方向和展开的程度。

（2）将五星红旗飘扬的方向和展开的程度记录在记录本上。

（3）分析一天中风向和风力的变化。

3. 实验解释

苍南县位于浙江东南沿海，受海洋和陆地热力环流的影响，易形成海陆风，其中白天吹向陆地的海风更为明显，这可以通过观察五星红旗飘扬的变化进行验证。

观察窗 一年四季学校周边的植被发生了哪些变化？

______

______

______

思考题

（1）每年的世界气象日是在哪一天？

（2）你知道苍南县哪个地方号称“浙江唯一南亚热带气候地理单元”？

（3）苍南县有玉苍山云海、凤阳杜鹃花海、渔寮海上日出等美丽的自然景观，把你见过的苍南美丽景观拍照并张贴在下面，与大家一起分享吧！

第二章

怪兽狂袭——台风

一 什么是台风?

我们平时所说的“台风”在气象上专业的名称为“热带气旋”，热带气旋是发生在热带或者热带洋面上的气旋环流，我国把在西北太平洋和南海上形成的热带气旋按照强度（底层中心附近最大风速或风力）大小分为 6 个等级，其中风力为 12 级或以上的统称为台风（表 2-1）。

表 2-1　热带气旋等级划分

热带气旋等级	底层中心附近最大风力 / 级	底层中心附近最大风速 /(米 / 秒)	具象化解读
热带低压 (TD)	6 ～ 7	10.8 ～ 17.1	地铁载客行驶中的平均速度
热带风暴 (TS)	8 ～ 9	17.2 ～ 24.4	地铁设计时速
强热带风暴 (STS)	10 ～ 11	24.5 ～ 32.6	高速公路正常行驶速度
台风 (TY)	12 ～ 13	32.7 ～ 41.4	高速公路极限或超速行驶速度
强台风 (STY)	14 ～ 15	41.5 ～ 50.9	火车行驶速度
超强台风 (Super TY)	16 或以上	≥ 51.0	动车或高铁的行驶速度

台风通常在海水温度达到 26 ℃以上的热带或者副热带洋面上才能形成。台风的形成过程其实很有趣，就像大自然的一场“神秘舞蹈”。首先，温暖的海水不断蒸发，形成一团巨大的云层，然后通过一系列复杂的过程，这个云层逐渐形成了一个旋转的风暴，它像在流动江河中前进的涡旋一样，一

边绕自己的中心急速旋转，一边随周围大气向前移动，人们有时也把它比作“空气陀螺”。

二　台风的危害

台风是苍南县夏、秋两季可能发生的气象灾害。台风具有突发性强、破坏力大的特点，是世界上最严重的、强大而猛烈的自然灾害之一，给人民的生命财产安全带来严重威胁。

台风通常在以下 3 个方面造成危害。

强风

台风伴随的强风是最显著的危害之一。强风能够以极快的速度吹倒建筑物、拔起树木和破坏基础设施。飞行的杂物也会成为危险的威胁，可能造成人员受伤甚至死亡。

2018 年 7 月 12 日，“浙江在线”报道：7 月 11 日上午约 09 时，受第 8 号强台风“玛莉亚”影响，苍南县矾山镇福德湾省级文保 2 号煅烧炉 A 座被强风暴雨吹倒，煅烧炉墙体炉砖全部散落地面。

暴雨

暴雨是台风带来的另一个主要威胁。大量降水可能导致洪水和泥石流。洪水不仅会摧毁建筑物、冲走车辆，还会造成人员被困和死亡。

2023 年，因受 5 号台风“杜苏芮”影响，苍南县桥墩镇莒溪公路局部路段发生小范围边坡滑塌现象。

台风登陆后可以带来降水量高达 100 ～ 300 毫米，甚至 500 ～ 800 毫米的大暴雨，暴雨极易引发城市内涝、房屋倒塌、山洪、泥石流等次生灾害。

风暴潮

风暴潮也是台风带来的危害之一，由于台风引起的海水暴涨，可能造成海岸线的淹没和沿海地区的洪水。

当台风移向陆地时，海水向海岸方向冲击，强台风引起的风暴潮能使沿海水位猛升，海堤溃决，冲毁房屋和各类建筑设施，淹没城镇和农田，造成大量人员伤亡和财产损失。

2023年8月3日，中国资讯网报道：8月2日晚，受台风“杜苏芮”影响，浙江省温州市苍南县霞关镇出现狂风暴雨，视频显示，沿海巨浪拍岸，海水倒灌，路面下水道口喷射水柱。

三　苍南县与台风的不解之缘

苍南县素有“台登县”之称，中华人民共和国成立以来，在苍南县直接登陆的台风有7个，是苍南县最为严重的气象灾害之一。据统计，1990年至2023年，影响苍南县的台风有91个，其中严重影响苍南县的台风有24个。每年5月至11月都可能有台风影响苍南县，但主要在7月至9月，占影响台风总数的81.6%。2006年8月10日，登陆苍南县马站镇的超强台风“桑美”是登陆苍南县最强的台风，2006年5月18日登陆广东东部的台风“珍珠”是影响苍南县最早的台风，2004年12月4日登陆台湾地区的台风“南玛都”是影响苍南县最晚的台风。

历年的气象灾害80%以上和台风有关，直接影响苍南县或正面登陆苍南县的台风，会给当地经济建设和人民生命财产安全构成严重威胁。

超强台风“桑美”

2006年8月10日17时25分，超强台风“桑美”在苍南县马站镇（现霞关镇）登陆，台风登陆前后苍南县霞关镇测得68米/秒的极大风速，鹤顶山风力发电站更测得81米/秒的极大风速！“桑美”是近几十年来登陆中国的最强台风，该纪录直到2014年才被台风“威尔逊”打破！台风“桑美”给全县带来了毁灭性打击，严重影响人民群众生命和财产安全。受台风“桑美”影响，全县冲毁公路路基20千米，冲毁路面68.5千米，毁坏桥梁20座，损坏涵洞537道，

▲ 行将登陆苍南县的台风“桑美”——2006年8月10日14时的台风“桑美”卫星云图

塌方644处等。2006年12月30日，中国气象局公布了当年全国十大天气气候事件，超强台风“桑美”的登陆高居第二。台风“桑美”以其创下的多个第一，载入了史册，人们永远铭记“桑美”这个名字，也永远不会忘记它带来的一切灾难。

▲ 台风“桑美”灾情实录

台风纪念碑

2009年，浙江省沿海地区开始开展“台风登陆地标志物”的建设，经过三年多的努力，建成了16座“台风登陆地标志物”。2011年，苍南县人民政府和温州市气象局分别在苍南县霞关镇瑶洞村和苍南县金乡镇五星社区设立了台风纪念碑，作为苍南县气象灾害科普教育基地，常规性地发挥科普教育作用。

台风纪念碑由基座和雕塑主体两部分组成，基座刻有台风描述和“抗台救灾”的浮雕，雕塑主体由“V”字形立柱、气象标志、金星、飞鸟及腾飞轨迹五部分组成。纪念碑雕塑主体底部是由“Victory”（胜利）的第一个字母“V”字形立柱并联组成，寓意着苍南县防台抗台工作的节节胜利，也以此铭记灾史、警示后人。

四 如何防御台风带来的危害？

（1）在台风来临前，确保教室、家中的门窗紧闭，如果可能，使用防护板或胶带加固窗户。

（2）如果教室是危旧房屋，应组织学生马上转移避险。

（3）及时停止露天集体活动或室内大型集会，并做好老师、学生疏散工作，学校可请示暂时停课。

（4）台风影响期间，请勿随意外出。如果在外面，千万

不要在临时建筑、广告牌、铁塔、大树等附近避风避雨。不要到台风可能经过的地区旅游或海边游泳，更不要乘船出海。

（5）如果遇上打雷，应采取防雷措施。

（6）台风经过期间的短时风小雨停，可能是台风眼经过，此时一定要在室内或原来的藏身处等待一段时间，不要急于到室外。

（7）准备足够的食物、水和药品供应，以应对可能的断电和交通中断，还应备有手电筒、备用电池、收音机等应急工具。

小知识

随时关注台风消息哦！

温州台风网　　温州台风码

（8）学校师生、家长应及时关注台风预警信号，做好防灾物品和措施的准备；当学生独自遇到台风灾害时，在自救的同时应设法尽快联系学校、老师、家长，或直接拨打110、119求救电话，报告自己的确切位置和险情，积极寻求救援。

五 小博士之窗

知识窗 警惕台风眼中的假象！

在台风的中心，有一个神秘而平静的区域，这就是台风眼。台风眼是指台风中心的一块晴空少云区，它的形状大多为圆形或者椭圆形等。台风眼内虽是好天气，但台风眼周边仍然是狂风暴雨。正如2020年《气象知识》校园增刊发表的一篇苍南中学高一学生朱涛撰写的《警惕台风眼中的假象》一文中所描述：2006年8月10日，50年一遇的超强台风“桑美”在苍南县马站镇沿海登陆，近中心风力17级，随后迅速进入福鼎市沙埕港。下午，沙埕港狂风怒号，大雨倾盆，可是，到了17时左右，强风顿弱，甚至还出现了太阳。大家都以为台风已经过去，安全了。这时，已经上岸的渔民又纷纷下船，重新回到渔船上准备出海打鱼，哪知不到20分钟，强风又来了，而且比第一阵更为强劲，上船的渔民根本来不及躲避，被强风刮得“船翻人亡”。

实验窗　模拟台风

1. 实验材料

塑料瓶、食用色素、水。

2. 实验步骤

（1）在塑料瓶里装水，倒入食用色素（如无色素可用闪粉代替）。

（2）拧好瓶盖，沿着同一个方向迅速摇晃。

（3）松开手，一条超级炫酷的“小台风”就会出现在瓶子里了！

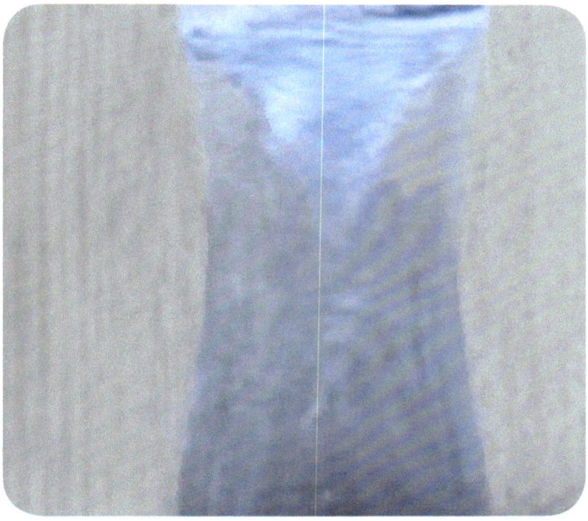

观察窗　观察台风来临前几天天气或动物有什么变化？

____

____

____

思考题

（1）你知道台风能给我们带来哪些好处吗？

（2）你知道为什么要给台风取名字吗？

（3）查找相关资料，搜集一些关于台风的谚语、成语、歇后语等，记录在下面方框里，与你的小伙伴分享吧！

第三章

天公狂哭的伤心泪——暴雨

一 多大的雨才叫暴雨?

1400 多年前，唐代大诗人杜甫在一次游览白帝城时，恰遇大雨，于是便写下了著名的《白帝》，其中有“白帝城中云出门，白帝城下雨翻盆”的诗句。诗中描述了作者遇到了“像盆里的水直往下倒”一样大而急的雨，也就是人们常说的“倾盆大雨”。

那么，“倾盆大雨”到底有多大呢?

气象部门把降水分为 7 个等级，其中暴雨有 3 个等级（表 3-1）。

表 3-1 暴雨等级表

降水等级用语	12 小时降水总量 / 毫米	24 小时降水总量 / 毫米
暴雨	30.0 ～ 69.9	50.0 ～ 99.9
大暴雨	70.0 ～ 139.9	100.0 ～ 249.9
特大暴雨	≥ 140.0	≥ 250.0

这是气象部门根据专业仪器测量出来的数据来划分的，指的是降水落到地面后未经蒸发、渗透、流失而在水平面上积聚的深度。如果一个成年人下雨天站在地面的积水里，200 毫米降水会漫到他的小腿肚，1000 毫米降水会漫过他的腰。

用量化的观念来认识降水，那么“倾盆大雨”就是“暴雨”“大暴雨”或“特大暴雨”。

二 暴雨的危害有多大？

暴雨是一种非常严重的气象灾害，会对当地多方面造成严重的影响。

（1）暴雨会使平地产生积水，使城镇乡村或河流低洼地段被积水淹没，造成洪涝灾害等。

2007年8月19日，新华社报道：因受18日夜的一场强暴雨突袭，苍南县城一片汪洋，许多地段都被大水围困，东西向五条、南北向八条街道被淹。

大街上，最深的地方足有一米多深，已没过成年人的腰部，居民们出行只得挽起裤腿趟水前进，街道上基本看不到机动车的影子，人力三轮车成为人们出行的主要代步工具。

（信息来源：中国政府网。）

（2）连降暴雨或出现大暴雨、特大暴雨，常常导致山洪暴发、水库垮坝、江河横溢、房屋被冲塌、农田被淹没、交通和通信中断，给国民经济和人民的生命财产带来严重危害。

2012年9月10日，中国新闻网报道：2012年9月10日18时起，一场暴雨打乱了浙江温州苍南灵溪平时的宁静，暴雨越下越大。4个多小时后，时至11日凌晨，暴雨引发山洪暴发，苍南县灵溪南水头、山北村、田乾村、状元内村以及蒲亭多个村庄被淹，水深最高处达2米，导致多名群众被困。

（3）突发性、持续性的大暴雨或特大暴雨发生在山区沟谷中，会带动松散泥土或石块形成特殊洪流，造成泥石流灾害。

2007年8月19日，“浙江在线”新闻网报道：18日凌晨，2007年第9号超强台风“圣帕”袭击苍南，导致苍南县桥墩水库一工地的山上发生了泥石流。泥石流冲毁该水库工地的管理房，管理房内住有3人——1名包工头和2名工人。

（4）突发性、持续性的大暴雨或特大暴雨还会导致山区地表发生岩石破碎、崩塌、错落、滑坡等地质灾害。

2009年8月9日，中国新闻网报道：8月9日，记者从温州苍南县防汛办公室获悉，8月9日08时20分，受台风“莫拉克”影响，温州苍南县莒溪镇5间民房被山体泥石流冲垮，4位居民遇难。经现场紧急抢救，3人安全脱险，1名四岁男孩经过现场抢救无效死亡。

三 在暴雨灾害来临时怎样逃生避险？

怎样躲避平原洪水灾害？

（1）如果教室是危旧房屋，或处于地势低洼地方，老师、学生应及时转移到安全地方。

（2）学校暂停室外活动，老师应立即组织学生到高处暂避。

（3）不要在大水中骑车、徒步趟水或游泳，也不要攀爬电线杆、铁塔和泥坯房的房顶。

（4）若不慎落水，要尽快抓住木板、树枝等漂浮物，等待救援。

（5）如果已被洪水包围，要利用眼镜片、镜子等反射阳光的物件，或挥动鲜艳的衣物、红领巾等发出求救信号。

怎样躲避山洪或泥石流灾害?

（1）泥石流发生时会地动山摇，响声如雷，处于山区的师生一定要注意山地动态和异常声音。

（2）山洪暴发和泥石流产生时，一定不要涉水过溪过河，不要在山洪和泥石流经过的桥梁上停留。

（3）山洪暴发和泥石流产生时，千万不要顺着沟谷与山洪和泥石流赛跑，而要迅速向两侧高处逃跑，在确认没有危险的地方停下来。

怎样躲避山体塌方或滑坡危险?

（1）下大雨时，不要在陡坡、悬岩等容易发生滑坡或山体坍塌的地方躲雨或行走。

（2）如果身处滑坡或坍塌的山体上时，应迅速向两侧逃跑。

（3）山体滑坡或坍塌时，千万不要踩踏滑坡或坍塌泥土继续前行，应立即停止前行，或另找安全道路通过。

学校师生、家长应及时关注暴雨预警信号，做好防灾物品和措施的准备；当学生独自遇到暴雨灾害时，在自救的同时应设法尽快联系学校、老师、家长，或直接拨打 110、119 求救电话，报告自己的确切位置和险情，积极寻求救援。

四　小博士之窗

知识窗　治水英雄周凯

周凯，字公武，西晋临海郡横阳（今苍南桥墩）人，约生于三国东吴永安四年（公元261年），俗称周七郎。

据史料记载，周凯所处年代，临海郡治下永宁（今温州）、安固（今瑞安）、横阳（今平阳、苍南）三邑，靠山临海，由于缺乏水利工程屏障，蓄不住水，挡不住潮，常干旱又洪涝，强潮涨落，侵蚀陆域，海滨平原不能耕作，加之夏、秋两季台风灾害频繁，民生维艰。

太熙元年（公元290年），周凯向邑长提出上疏众流、下御潮卤，治理开拓沿海平原的建议。在邑长支持之下，周凯率领古温州各地百姓，连接海岸“散塘”，构筑抵御海潮侵蚀的统一屏障；取土筑塘形成温瑞塘河、瑞平塘河，引导洪峰涝水，排泄永宁、安固、横阳三江，最终注向东海。历时十年，水旱灾害得以缓解，海岸线得以稳固，内河航运得以发达，温州沿海平原由此成为人类宜居的地方。

永康元年（公元300年），一场台风袭击古温州沿海，周凯奋勇当先，不顾个人安危，与“飓风海溢”搏击，最终献出生命。周凯治水牺牲后，永宁、安固、横阳三县邑长为了纪念周凯的功绩，给周凯修建了一座祠堂来供奉他，并给周凯的家乡赐名叫“平水”。

民间把周凯作为平水圣王或平水王爷来祭祀。为感激和纪念他的功绩，百姓修庙供奉他，官府每年祭祀他，唐、宋、元、明、清各代皇帝对周凯屡加敕封，累称威惠通天护国仁济平水显应大和冲圣帝。

实验窗 降水量的测量

1. 实验材料

多个上下直径一致的透明容器。

2. 实验步骤

（1）下雨天拿多个不同直径的容器，放在一个空旷没有遮挡的地方接雨。

（2）在30分钟后将所有容器一起带回实验室。

（3）观察和比较不同容器接到的雨水高度。

3. 实验解释

气象上的雨量常用降水深度来表示，在同一场降水、同一个地方，不同直径的容器接到的雨水高度是一样的，这个高度就是我们能测到的雨量。气象上会有专业的雨量筒测量雨量，数据会更加精确。

观察窗　下雨前要关注什么？

（1）观察溪流、河流的水位变化和水流颜色及水上的漂浮物。

（2）观察动物（蚂蚁、小鱼、青蛙、燕子）的变化。

____

____

____

思考题

（1）暴雨灾害一般发生在“汛期”，你知道浙江省的“汛期”是哪个时间段吗？

（2）在日常生活中，我们应该事先做好哪些暴雨灾害应急安全措施？

（3）查找相关资料，搜集一些关于暴雨的谚语、成语、歇后语等，记录在下面方框里，与你的小伙伴分享吧！

第四章

地球高烧——高温

一 高温天气有多热？

炎炎夏日，太阳无情地炙烤着大地，热浪在空气中涌动。每当这个时候，大家就会知道，高温天气来了。那么，多热的天气是高温呢？

气象上，日最高气温达到 35℃以上，就称为高温天气。如果连续三天最高气温都超过 35℃时，即可称作高温热浪或高温酷暑天气。

高温天气是太阳辐射、大气环流、全球气候变暖、城市热岛效应等多种因素共同影响下的结果。夏季，太阳直射点移动到北半球，北半球收到了更多的太阳辐射，与副热带高压等天气系统共同催生了高温天气。近年来，人类活动对全球气候产生巨大影响，全球气候变暖和城市热岛效应也对高温天气起到了推波助澜的作用。高温正越来越成为影响人们正常生产生活、威胁人类身心健康的气象灾害之一。

但人体对冷热的感觉不仅取决于气温，还与空气湿度、风速、太阳热辐射等有关。苍南县地处浙江省东南沿海，夏季水汽丰富，空气湿度大，在气温并不十分高时，就已经感觉到闷热了。而最高气温超过 32℃、日均相对湿度达到 80% 以上时，这种天气又可称为“桑拿天”。“桑拿天”时人感觉像是在桑拿浴室里蒸桑拿一样，汗液无法排出，身体内热量无法及时散发，人会感觉到非常难受。学习如何应对高温天气，是保证正常生活、维护身心健康的重要课题。

二　高温会造成哪些影响？

高温天气可以从多方面对我们的生活造成影响。

（1）人体长时间处于高温环境，可能会导致体温调节功能紊乱，从而引发中暑、热衰竭、热射病等疾病，严重的甚至会死亡。

2022 年 7 月 20 日，中国蓝新闻报道：今天，记者从苍南县人民医院了解到，连日来，医院急诊科接诊的中暑患者越来越多。医生特别提醒，如果出现中暑症状要及时采取降温措施，防止进一步发展为“热射病”。

进入 7 月份以来，由于持续高温，医院已经接诊了十多例中暑患者，大多为轻症，尚未出现热射病患者。据苍南县人民医院急诊科主任陈学秀介绍，中暑根据临床表现的轻重，分为先兆中暑、轻症中暑和重症中暑。“热射病”在分级中属于重症中暑，一旦中暑发展为“热射病”，就可能有生命危险。

（2）高温可以导致干旱发展，影响植物生长发育，甚至造成减产。

2019年10月24日，苍南县融媒体中心报道：马站镇甘溪村是苍南县葱蒜种植的主要区域，眼下正是小葱上市的季节，但由于受到葱头价格上涨，以及干旱闷热天气影响，今年成品葱较往年减产三成，收购价高达4.8元/斤[①]，创下了近年历史新高。

记者了解到，甘溪村种了上百亩小葱，今年8月，由于葱头价格较去年的每斤3元多翻了几番，农户小葱种植总量减少。再加上前段时间的干旱闷热天气，许多葱长势不佳，最终导致成品葱数量较往年减少三成。有农户说："价格贵是因为葱少，葱坏了，天气太热种不起来，之前葱种贵，一斤10元买不起，没种很多，数量比较少。"

（3）高温可能导致用水量、用电量急剧上升，造成水、电供应紧张，故障频发，影响人们的正常生产生活。

2013年8月，苍南县吴家园水库上游裸露的部分滩涂

① 1斤=500克。

2013 年 8 月 15 日，苍南新闻网报道：这个夏天像个火炉，高温不退，酷热难耐。苍南县各地的水库也正面临持续高温的“烤”验。

7 月份以来，苍南县已持续高温近一个月。赤溪、凤阳、矾山等乡镇出现草木干枯、山塘干涸、农田干裂，这些地方的生活用水和农业用水频频告急。

（4）持续高温少雨还易引发火灾。

◀ 2022年7月，灵溪镇一废弃品堆放点发生火灾

2022 年 7 月 31 日，温州消防报道：大暑过后，温州市各地高温天气仍将持续数日。高温之下，火灾防范工作尤为重要。

7 月下旬，苍南县灵溪镇一废弃品堆放点发生火灾，所幸因处理及时，并未造成严重损失。

三 高温天气，怎样保护自己？

（1）白天避免或减少室外体育活动，尤其是中午和下午尽量不要在烈日下运动。

（2）出现高温天气时，上（放）学路上或外出旅游，应采取打遮阳伞、穿浅色衣服等措施，不要长时间在太阳下暴晒。

（3）应及时补水，口渴时不要过量饮水，也不要过度喝冷饮，不要暴饮暴食，避免肠胃不适。

（4）教室和家里的空调、电扇不要直接对着头部或身体的某一部位长时间吹，室内空调最佳温度应该设定在26℃至28℃，晚间可以稍微再调高一些。

（5）在早晚凉爽之时开启门窗通风，让空气流通。

（6）出现中暑后应及时脱离高温的环境、去除多余的衣物，进行物理降温，必要时可使用药物进行治疗。

（7）学校师生、家长应及时关注高温预警信号，做好防暑降温药品和措施的准备。当学生独自遇到高温中暑时，在自救的同时应设法尽快联系学校、老师、家长，或直接拨打“110”“119”求救电话，报告自己的确切位置和险情，积极寻求救援。

四 小博士之窗

知识窗　消暑误区

（1）多吃冷食。夏季炎热，肠胃受到大量冷食的刺激，会影响对食物营养的吸收，也可能导致肠胃痉挛，引起腹痛。

（2）在室内地上洒水降温。夏天人们常常在地上洒水，借助其蒸发作用带走热量。然而，这样只能暂时降温，时间一长，室内湿度增加，反而更加闷热。而且蒸发时，地面的细菌和灰尘会随着水蒸气飘散到空气中，不利于健康。

（3）口渴时急饮。夏天出汗多，如果一下子喝进很多水，会增加心脏负担，使血液浓度下降，甚至可能出现心慌、气短、出虚汗等现象，渴极了应先喝少量的水，停一会儿再喝。

（4）洗冷水澡。暑热中突然遇冷可能导致机体免疫机制失调。用温水冲澡比冷水浴解暑效果会更好。

（5）打赤膊。在气温接近或超过37℃时，皮肤不但散热功能减弱，反而会从外界环境中吸收热量，穿得太少还很容易被紫外线灼伤。当气温高于体温时，可穿一些浅色的薄长衣、长裤，阻隔日光，利于防暑。

实验窗 测量夏季白天不同地点的气温

1. 实验材料

多支温度计、时钟。

2. 实验步骤

（1）在校园中找到测量气温合适的地点，如走廊阴凉处、树荫下、塑胶操场、水泥地等，放置温度计。

（2）在10时至16时，每个整点时观察温度计的读数，并记录下来。

（3）将结果进行统计并绘制折线图。

（4）比较不同地点、不同时间气温的不同。

3. 实验解释

该实验测量了不同地点、不同时间气温的情况。观察气温高低，可以对温度有进一步认识。

观察窗 夏季正午阳光猛烈时，道路上的空气有什么变化？

思考题

（1）生活中，哪些现象说明高温天气出现？

（2）高温天气时，我们应该事先做好哪些准备？

（3）查找相关资料，搜集一些关于高温的谚语、成语、歇后语等，记录在下面方框里，与你的小伙伴分享吧！

第五章

长期不下雨的灾害——干旱

一 关于干旱的那些事

《国语·周语》中记载，在古代，因伊水、洛水枯竭而导致夏朝灭亡，因黄河枯竭而导致商朝灭亡。由此看来，干旱的影响之大，甚至可以导致朝代的更替。

干旱指的是因水分的收与支或供与求不平衡而形成的持续的水分短缺现象。通常干旱还分为气象干旱、水文干旱、农业干旱和社会经济干旱四类（《气象风险指数 干旱》GB/T 42073—2022）。降水严重不足是形成干旱的主要原因，同时还有人类活动、森林破坏、用水浪费等原因。

气象上依据气象干旱综合指数将气象干旱分为 5 个等级（《气象干旱等级》GB/T 20481—2017），见表 5-1。

表 5-1　气象干旱等级表

等级	类型	干旱影响程度
1	无旱	地表湿润，作物水分供应充足；地表水资源充足，能满足人们生产、生活需要
2	轻旱	地表空气干燥，土壤出现水分轻度不足，作物轻微缺水，叶色不正；水资源出现短缺，但对生产、生活影响不大
3	中旱	土壤表面干燥，土壤出现水分不足，作物叶片出现萎蔫现象；水资源短缺，对生产、生活造成影响
4	重旱	土壤水分持续严重不足，出现干土层（1 ～ 10 厘米），作物出现枯死现象；河流出现断流，水资源严重不足，对生产、生活造成较重影响
5	特旱	土壤水分持续严重不足，出现较厚干土层（大于 10 厘米），作物出现大面积枯死；多条河流出现断流，水资源严重不足，对生产、生活造成严重影响

二　干旱的危害有多大？

干旱是对人类社会影响最严重的气象灾害之一，具有出现频率高、持续时间长、波及范围广的特点，会造成水资源短缺、土地荒漠化、粮食减产、能源危机等多方面的影响。资料显示，已列入“世界 100 灾难排行榜”的 1199 年初的埃及大饥荒、1898 年的印度大饥荒和 1873 年的中国大饥荒都是因为干旱缺水造成的，千百万人死于非命。

干旱是危害农业生产的第一灾害

农业生产受自然条件的影响较大，气象条件影响作物的分布、生长发育、产量及品质的形成，而水分条件是决定农业发展的主要条件，干旱由于其发生频率高、持续时间长、影响范围广、后续影响大，成为影响我国农业生产最严重的气象灾害。

案例：2022 年，苍南县梅汛期结束后长时间的气象干旱对农作物造成很大影响，出现部分迟播早稻被高温逼熟、农作物晒伤晒死、蔬菜焦枯灼伤、水果脱水现象等。农作物累计受灾面积 4272.59 公顷、绝收面积 53.73 公顷，直接经济损失达 9116.20 万元。

干旱造成水资源短缺和能源危机

由于降水的长期短缺，造成地表水或地下水收支不平衡，使江河流量、湖泊水位、水库蓄水等减少，影响人类生活或经济需水，旱情严重时甚至会影响人们的生存。随着河流、湖泊和水库水位下降，水力发电首当其冲地受到影响，特别是伏旱往往伴随着高温天气，导致居民用电、工业供电激增，能源供应面临巨大威胁。

根据《2022年亚洲气候状况报告》，中国长江流域中下游及四川、重庆地区2022年持续高温少雨，8月至9月，长江流域流量比前5年平均水平低50%左右。夏、秋两季持续干旱，中度干旱天数为77天，为1961年以来的最高天数。9月27日，鄱阳湖主体面积减少至638平方千米，创历史新低，当地航运、农作物、植被以及饮用水供应都受到了影响。据估计，2022年中国大面积干旱造成的经济损失超过76亿美元。

干旱是土地荒漠化的主因之一

世界上的沙漠主要分布于干旱、半干旱地区，干旱是土地荒漠化最主要的原因之一，气候干旱、降水稀少导致土壤中的水分迅速蒸发，从而使土壤变得干燥和贫瘠，造成植被退化、风蚀加快，引起荒漠化。同时过度开垦、过度放牧、乱砍滥伐和水资源的不合理利用等人类活动将加速这一进程。

荒漠化正影响着世界上36亿公顷的土地（占地球陆地总面积的25%）。每年消失的土地可生产2000万吨的粮食，威胁着大约 100 个国家的 10 亿多人的生活；每年由于土地荒漠化和土地退化造成的经济损失达到 420 亿美元。

▲ 干旱下龟裂的土地

三 日常生活中如何应对干旱？

（1）学校应倡导师生节约用水，提高节水、爱水、护水意识。

（2）刷牙将不间断放水改为口杯接水。

（3）洗衣将少量、单件洗涤改为衣物集中洗涤，减少洗涤剂量。

（4）洗浴将长时间不间断放水冲淋改为间断放水淋浴，避免过长时间冲淋。

（5）炊事方面将水龙头大开、长时间冲洗水果蔬菜改为控制水龙头流量、间断冲洗。炊具食具上的油污，先用纸擦除，再洗涤。

（6）洗车将直接用水管冲洗改为用水桶盛水或节水喷雾水枪洗车。

（7）爱护水源、绿地，积极参与植树造林。

四　小博士之窗

知识窗　人工增雨

人工增雨是通过科技手段对局部大气的物理、化学过程进行人工影响，在合理条件下，利用气候资源，达到增雨、雪的目的，是应用最为广泛的一种人工影响天气方式之一。

自20世纪50年代我国启动人工影响天气试验以来，把“空中水库”搬运到地面的梦想变成了现实，并在防灾减灾、缓解区域干旱、生态文明建设和重大活动保障等领域发挥着重要作用。随着科技发展，人工增雨已出现飞机、烟炉等作业装备。

实验窗　探索干旱对植物的影响

1. 实验材料

两朵盛开的玫瑰花、两个杯子。

2. 实验步骤

（1）沿着枝条剪下两朵盛开的玫瑰花。

（2）将剪下的玫瑰花分别插入两个杯中。

（3）在其中一个杯中倒入一定量的水，水位大约处于枝条的1/3处，另一个杯子中不加水。

（4）观察两朵玫瑰花的变化。

3. 实验解释

这个实验模拟干旱对植物的影响，其中一朵玫瑰花因缺水，将更早地枯萎。

观察窗

当出现干旱时，观察周边河流、植物、农田作物、土地、小动物等的变化。

思考题

（1）除了书中提到的措施，面对干旱我们还能做些什么？

（2）查找相关资料，搜集一些关于干旱的谚语、成语、歇后语等，记录在下面方框里，与你的小伙伴分享吧！

第六章

天公怒号——雷电

一 什么是雷电？

说起雷电，同学们会联想到什么？是我们古代神话故事里的雷公电母吗？还是我们课本里的大科学家富兰克林和他著名的闪电实验呢？在我们这个奇妙无比的大自然中，打雷和闪电是一种非常常见的现象，如果要问你：雷电是怎么产生的、有哪些种类以及它们会带来什么危害……你们知道答案吗？

当雷雨天气来临，云层中含有非常多的水分子，这些水分子在气流等外力作用下，会互相摩擦、碰撞，产生静电，静电堆积起来后，云的底部会带上负电荷，云的顶部和地面则带上正电荷，当这两者相遇或者两者间的电压差大到一定强度时就会产生剧烈的放电现象，闪电由此产生。闪电过程

还会产生大量热量，使空气受热快速膨胀并引起空气爆炸式震动而发出声响，因此，闪电会伴随有阵阵雷鸣。

由于光的传播速度比声音的传播速度快，所以我们是先看到闪电再听到雷声，就像是演着“你方唱罢我登台”的视听大片。

闪电有很多“花样”，其中云和地之间发生的闪电我们称为地闪，地闪对我们影响最大，和我们生活息息相关。闪电还有很多形态，如线状闪电、枝状闪电和片状闪电都是我们平时常见到的闪电形态。除此之外，带状闪电、联珠状闪电、球状闪电等则相对少见。其中，俗称“滚地雷”的球状闪电就是一种非常罕见的闪电类型。它由拳头或足球大小的球形发光体组成，一般仅维持数秒，移动路径往往与风向一致，能从门、窗、烟囱等通道侵入室内，极其危险。

二 雷电的危害

雷电灾害是影响苍南县的主要气象灾害之一。据统计，近 10 年（2014 年至 2023 年）苍南县年平均发生地闪日数 39.8 天，高发时间集中在 14 时至 16 时，主要发生在 6 月至 8 月，占年平均发生地闪日数的 69.1%，其次是 5 月、9 月，占年平均发生地闪日数的 21.6%。其危害主要有以下几点。

（1）雷电放电时能量非常巨大，强大的雷电流能破坏建筑物的结构，如果人在放电通道旁边，很容易造成人员伤亡。

案例：2018 年 7 月 21 日 16 时 29 分左右，苍南县玉苍山景区遭雷击，有 6 名游客在玉苍山景区铁索桥听瀑亭内躲雨时被雷电击中，造成 4 名游客不同程度受伤。

（2）雷电放电瞬间放出的巨大电流能够干扰或破坏供配电系统、电子设备、通信系统，导致停电、设备损坏、通信中断或控制系统失灵等。

案例：2011 年 7 月 23 日，一个雷雨交加的夜晚，浙江省温州市发生了中国铁路史上的重大动车事故——“7·23”特大动车追尾事故。当时，两列动车在高速行进中于高架桥上不慎发生碰撞，三节车厢因强大的撞击力而脱离既定轨道，从约 18 米高的桥上坠落，事故共造成 40 人遇难，172 人受伤。事故发生的一个主要原因就是雷击造成信号系统故障。

（3）雷电带来的高电压、强电流、高温效应可引起爆炸和物品、树木的燃烧，甚至引发火灾。

案例：2002 年夏天，青岛港附近，一家大型油库的中央控制室闭路电视监控系统和电脑网络系统受到感应雷袭击，许多电子元器件烧毁，经一个月修复，系统才恢复正常。

三　在雷电灾害来临时怎样逃生避险？

在室内时要注意什么？

（1）关闭所有门窗，不要靠近，更不要接触金属管线，例如水管、煤气管等，尽量远离门窗、阳台和外墙壁。

（2）尽量不要使用家用电器，如电视机、电脑、电话等，建议拔下所有电器电源，不要使用太阳能热水器洗澡。

在室外时需要注意什么？

（1）学校应停止室外活动，组织学生躲入有防雷设施的建筑物内。

（2）在上（放）学路上，如果遇到打雷下雨，不要奔跑赶路，应迅速寻找并躲入有防雷设施保护的建筑物内。如正在汽车上，不要下车，要紧闭车窗。

（3）在空旷场地不要打伞，不要把羽毛球拍、网球拍等物品扛在肩上，不要游泳或从事其他水上运动。

（4）打雷时，千万不要躲在树下，远离电线杆、烟囱等尖耸、孤立的物体，要尽快离开山顶，不要在野外没有安装防雷设施的亭子里避雨，这会增大受到电击的风险。如果在旷野没有合适的避雷场所时，可找一块地势低的地方蹲下，双脚并拢，身向前屈，但同时要警惕低洼积涝。

学校应确保学校建筑物均安装防雷设施，并定期开展防雷检测。师生、家长应及时关注雷电预警信号，以及可能伴随的其他强对流天气，做好相应的防范准备。

四　小博士之窗

知识窗　雷电有哪些好处？

雷电象征毁灭，但也带来生命新生。据科学研究（米勒实验），生命最初的诞生可能是在雷电影响下产生的。在雷电作用下，无机物可以变成小分子有机物，再溶于原始海洋之中，产生最原始的生命。

雷电交加时，空气中的部分氧气会变成臭氧。臭氧能吸收大部分宇宙射线，使地球表面的生物免遭紫外线过量照射的危害。闪电过程中产生的高温又可杀死大气中90%以上的细菌和微生物，从而使空气变得更加纯净而清新宜人。

雷电还可使大气中含有的游离氮与氧气结合，变成二氧化氮，并随雨水降至地面与其他物质化合，变成作物可以直接吸收的氮肥。据测算，全球每年由雷电而“合成”的氮肥就达20亿吨。

实验窗 探索静电的奥秘

1. 实验材料

一个塑料管、一个气球、卫生纸、一次性手套（选用）。

2. 实验步骤

（1）戴上一次性手套用卫生纸快速摩擦塑料管。

（2）稍微打开水龙头，水流不要太猛烈，然后用刚刚摩擦的塑料管靠近水流。

（3）这时可以看水流会被塑料管吸引偏移方向。

（4）用摩擦过的气球再次靠近水流。

（5）将气球放在水平处，把塑料管靠近它，可以看到气球会紧紧跟着塑料管。

3. 实验解释

雷电的产生就是静电的放电现象，这个实验可以体现出静电间的吸引力作用。

观察窗

（1）观察天空变化。当空中出现浓密、体积变大的乌云，尤其是云顶发展迅速时，可能预示着雷暴即将到来。

（2）出现风力变化。一般来说，雷雨前的风力会变得比较强，有时会出现狂风暴雨，这种风力会把树叶、垃圾等物体吹走，给人们带来极大的影响。

思考题

（1）在日常生活中，我们应该事先做好哪些雷电灾害应急安全措施？

（2）你知道如何通过计算看到闪电和听到雷声的时间间隔来推算你和雷电间的距离吗？

（3）向父母询问他们经历过的雷灾事件或者看到过的雷电过程，也可以上网找一些雷灾、雷电视频与图片，记录在下面方框里，与你的小伙伴分享吧！

第七章

海陆空“无形杀手”
——大雾

一 什么是大雾?

大家都知道“草船借箭”的故事吧?诸葛亮利用大雾天气,从曹操那里“借”到了10万支箭。那么,什么是大雾呢?

在水汽充足、微风及大气稳定的情况下,相对湿度达到90%左右,空气中的水汽与微小的灰尘颗粒结合在一起,便会凝结成细小的水滴悬浮在空中,使得近地面的水平能见度下降到1千米以下,挡住我们的视线,就像是在空气中拉起了一幅白色的幕布,这种天气现象称之为大雾。大雾经常出现在深秋或是初冬的早晨,常呈乳白色。

气象上根据能见度大小将雾的预报等级分为5个等级(《雾的预报等级》GB/T 27964—2011)。能见度一般是指正常视力的人,在当时的天气条件下,能够从天空背景中看到和辨认的目标物的最大距离(表7-1)。

表7-1 雾的预报等级表

等级	能见度/米
轻雾	1000～10000
大雾	500～1000
浓雾	200～500
强浓雾	50～200
特强浓雾	<50

(注:波纹区间包含前值。)

二 大雾的危害有多大?

大雾是一种灾害性非常严重的天气现象之一，它不但污染空气，危害人们的身体健康，还容易在海、陆、空交通上频频制造祸端。

对交通的影响

大雾是对交通影响最大的灾害性天气之一。

在陆地上，大雾会导致驾驶员视线受阻，难以准确判断前方路况和障碍物，尤其是在高速公路和山区弯道多急等复杂地形中，由于大雾导致的交通事故隐患随时一触即发。

案例： 2016年2月22日05时50分，林某在大雾天气开车带朋友去金乡镇云台山上观光。快到山顶时因为大雾天气能见度低，看不清路，车子下滑到山崖，“整辆车子就悬在悬崖上，几乎快成90°角，幸好悬崖边上有石头将车卡住，才幸免于难”。而且由于都系了安全带，人员才都没有受伤。

大雾影响交通

海上大雾是一种既危害严重又常见的天气现象。它导致海上的能见度降低，使航行的船只迷失航路，造成搁浅、碰撞等重大事故，同时对渔业捕捞和养殖、海上油气勘探开发以及军事活动等造成不利影响。多年来在狭窄航道、近岸区发生的海难中，由海雾引发的事故占了很大比重。

在航空领域中，大雾对飞行安全构成严重威胁。由于能见度低，飞机在起降过程中难以准确判断跑道位置和高度，妨碍起飞和着陆，严重时飞机甚至无法滑行，处置不当易造成事故。大雾还常常造成航班延误，可能影响飞机的导航系统和通信系统，需要飞行员采取相应的应对措施。

对人体健康的影响

一般人们认为雾是干净的，如深山的雾、海边的雾。而一些城市的雾，是由近地面的污染物与水汽相结合，使得雾中含有各种酸、碱、盐、胺、酚、尘埃、病原微生物等，对人体健康造成影响。

雾和霾可以引起急性上呼吸道感染、急性气管炎、支气管炎、肺炎、哮喘等疾病，长期处于这种环境还可能诱发肺癌。

在剧烈运动时，人体吸进的有害气体比平常多。早晨有浓雾时，建议学校可以取消室外早操，改为室内健康操。

▲ 大雾下的城市

对机器设备的影响

大雾天气下，由于空气湿度大且含有污染物质，机器设备，特别是电子设备容易受潮、生锈或因电气元件参数变化而出现故障。

有浓雾时，还可能引发“雾闪”现象，引发输电线路短路、跳闸等故障，造成电网大面积断电，影响工、农业生产和人们的生活用电，造成严重经济损失。

三 大雾天气怎么防护？

（1）学校尽量不要进行体育活动或露天集会。

（2）居家躲避，关闭门窗，使用空气净化器，提高室内空气质量。

（3）减少出行，外出尽可能佩戴口罩，回到家立即洗手洗脸，抑制病菌传播。

（4）上（放）学时建议穿着鲜艳衣物，在大雾中，能让其他人更容易看到你，从而确保安全。穿越马路时要看清来往车辆，遵守交通规则。

（5）因大雾天气空气湿度较大，天气较冷，需注意增添衣物，注意保暖，以防感冒。

（6）大雾影响较大，要多关注天气预报和预警，提前做好准备，采取合适的防护措施，确保自身安全。

四 小博士之窗

知识窗

1. 苍南雾城

雾城村为苍南县马站镇下辖村，三面环山，一面临海，东有凤山、西有龙山，呈“龙凤呈祥”之态势。临海沙滩水质清澈、风平浪静，是一处极佳的海水浴场。因山围水静，相传旧时每早必有浓雾，故被称为雾城。

2. 中国雾都

重庆位于川东盆地的边缘，四面群山环抱，两江交汇，地势低洼，江水蒸发不易扩散，空气中的水汽常处于饱和状态，容易凝结成雾，年平均雾日 104 天。

3. 世界雾都

英国伦敦是一个多雾城市，由于紧邻大西洋中部，那里水汽非常充沛，加上城市“雾岛”效应，平均每 5 天就有一个大雾天，所以被称为“世界雾都”。

实验窗 制作“迷你雾境”

1. 实验材料

温水（约 50 毫升）、透明玻璃杯（或任何透明容器）、冰块若干。

2. 实验步骤

（1）准备温水：在透明玻璃杯中倒入约50毫升的温水。

（2）预热观察：轻轻摇晃玻璃杯，让杯壁稍微预热，这有助于水蒸气的产生。

（3）制造冷源：将冰块放在玻璃杯上方，形成一个“冰盖”。

（4）观察雾气：耐心等待约1～2分钟，观察玻璃杯内壁的变化。你将看到雾气逐渐形成。

3. 实验解释

当玻璃杯中的温水遇到上方的冰块时，杯内空气的温度迅速下降。水蒸气在遇到冷的杯壁后，温度也随之下降，导致水蒸气凝结成无数的小水滴，这些小水滴聚集在一起，就形成了我们看到的雾。

观察窗 找找我们身边的起雾现象

我们身边也有很多起雾的现象，一起来看看找找吧！

例如：

（1）冬天，喝热水时，戴眼镜的同学发现热水的水汽会让镜片上起雾。

（2）洗完热水澡，卫生间的水蒸气遇到玻璃会冷却凝结起雾。

（3）烧开水时，壶口会慢慢冒出水雾。

思考题

（1）你知道雾和霾的区别吗？

（2）你知道大雾能给我们带来哪些好处吗？

（3）查找相关资料，搜集一些关于大雾的谚语、成语、歇后语等，记录在下面方框里，与你的小伙伴分享吧！

第八章

天上掉下的“冰蛋子”
——冰雹

一 什么是冰雹？

冰雹，也叫“雹”，俗称雹子，有的地区叫“冷子”，夏季或春夏之交最为常见。冰雹是一种坚硬的球状、锥状或形状不规则的固态降水，一般中间是不透明的雹核，外面包有透明的冰层，或由透明的冰层与不透明的冰层相间组成，常伴随雷暴出现。

冰雹小如绿豆、黄豆，大似栗子、鸡蛋，特大的冰雹比柚子还大。气象上根据冰雹的直径大小将冰雹分为 4 个等级，见表 8-1（《冰雹等级》GB/T 27957—2011）。

表 8-1　冰雹等级表

等级	冰雹直径 / 毫米
小冰雹	＜ 5
中冰雹	5 ～ 20
大冰雹	20 ～ 50
特大冰雹	≥ 50

（注：波纹区间包含前值。）

二 冰雹的危害有多大？

冰雹发生时因常伴有雷电、大风、暴雨等天气现象，因此会产生极大的危害性。

破坏农作物

大的冰雹会摧毁庄稼、果园和蔬菜，导致农作物减产甚至绝收，影响农民的收入和粮食供应。

损坏地面建筑

伴随强风的冰雹可能击碎玻璃窗户，损坏房屋屋顶和外墙，甚至破坏车辆，给居民带来财产损失和安全隐患。

影响城市设施

冰雹可能使电力输配系统、通信网络和交通等城市设施遭受损坏，影响城市的正常运转。

威胁人身安全

人们可能会被冰雹击中，导致受伤甚至出现生命危险。

影响生态环境

冰雹可能对野生动植物造成伤害，破坏生态平衡，对生态环境造成负面影响。

案例：2024 年 2 月 21 日傍晚，浙江省温州、丽水等地遭遇罕见的暴雨和冰雹，密集的冰雹使街道瞬间变成“冰河”，室外不少车辆的天窗、引擎盖、车漆等受到冰雹损害，露天蔬菜、设施大棚也受到不同程度的破坏。

三 冰雹天气怎么防护？

（1）冰雹发生时，学生应尽量待在教室或家里，同时关好门窗，暂停户外活动。

（2）如果在上（放）学路上遇到冰雹，应尽快寻找安全的避难所，避免在户外暴露在冰雹下。

（3）不要在广告牌、烟囱、电线杆或大树下躲避冰雹，尤其是同时出现雷电时。

（4）如果附近没有遮蔽物，尽量采取防护措施，如用书包、衣物等物品护住头部和身体重要部位，以降低受伤的风险。

（5）学校师生、家长应及时关注冰雹预警信号。当天气预报预测有雷暴天气时，应警惕冰雹出现的可能性，并做好相应的防范准备。

四　小博士之窗

知识窗　人工防雹

在我国古代就多有防雹的记载，清代《广阳杂记》中，第一次清楚地记录了用土炮轰击雹云的内容。民间甚至总结流传出一些经验，如“打云头，云转向；打云腰，雹云裂；打云尾，防不住”“打早不打迟，打头不打尾”等。

我国最初的人工防雹试验要数20世纪50年代的山西消雹。目前科学的人工防雹是用地面作业装备向云中适当部位播散适量的催化剂，抑制或削弱冰雹危害。

实验窗 探索冰雹的奥秘

1. 实验材料

烧杯、试管、搅拌棒、碎冰、食盐、冷水、温度计。

2. 实验步骤

（1）往烧杯中加入约3/4碎冰。

（2）往碎冰中撒入食盐，约是碎冰的1/3。

（3）用搅拌棒轻轻搅拌，使食盐均匀分散在碎冰中，模拟冷空气环境。

（4）往试管中加入约1/4的冷水，模拟充足的水汽。

（5）将装有冷水的试管放入盛满碎冰的烧杯中，用温度计测量试管中水的温度。

（6）每隔1分钟左右搅拌一次烧杯中的冰水混合物，搅拌若干次（例如5次），模拟气流上升过程中温度骤降现象。

（7）拿出试管，往试管中加入一小块碎冰，模拟雹核。

（8）观察试管内水的温度变化和碎冰融合情况。

①

②

③

④

⑤

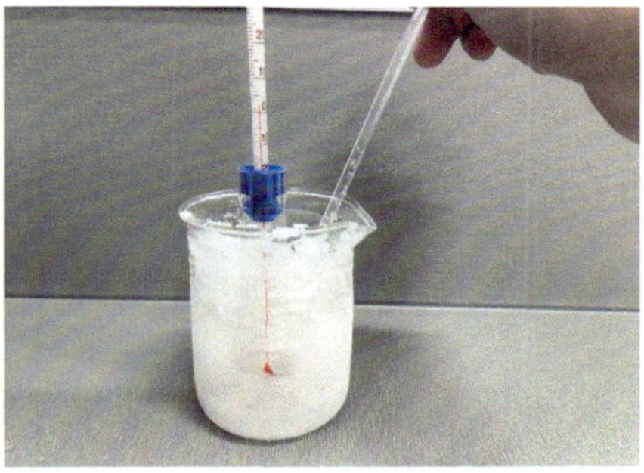

⑥

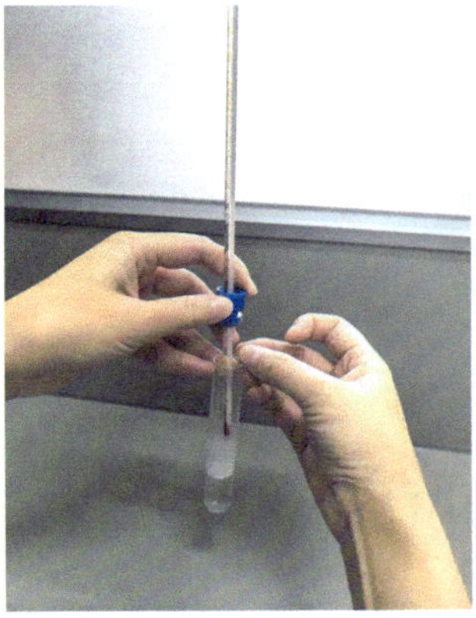

⑦

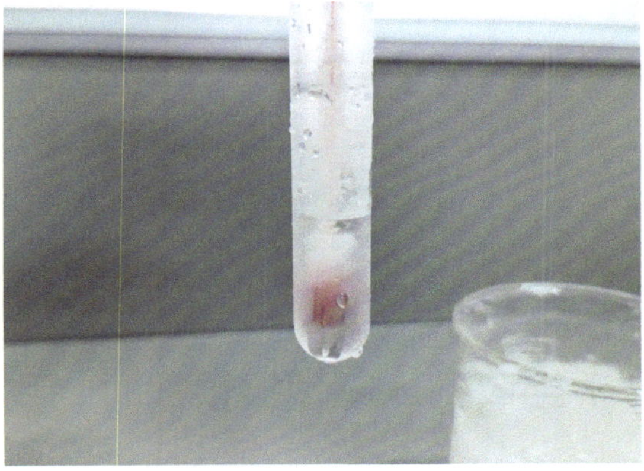

⑧

3. 实验解释

冰雹的形成与气流上升过程中的温度变化有关。实验中，通过搅拌冰水混合物使其温度骤降，模拟气流上升过程中温度下降的情况。当试管中的水汽遇到温度骤降的雹核时，会凝结成冰，雹核逐渐增长，最终模拟出冰雹的形成过程。

观察窗 冰雹来临的预兆

（1）云层变化：云层变厚、阴暗、翻滚、涌动，尤其呈现出浓密且颜色较深的特征时，可能是冰雹云正在形成。

（2）风的变化：风力明显增强、风向频繁变化。

（3）温度变化：温度突然下降，给人一种寒冷的感觉。

（4）气压变化：气压急剧下降。

（5）雷电情况：雷电活动频繁。

上述这些自然现象，可能是冰雹来临前的预兆，但并非每次都会同时出现，会因地域和气候条件的差异而有所不同，分享一下你遇到过的特别有意思或者印象深刻的冰雹经历吧！

思考题

（1）当收到冰雹预报预警时，我们可以做哪些防御措施？

（2）查找相关资料，搜集一些关于冰雹的谚语、成语、歇后语等，记录在下面方框里，与你的小伙伴分享吧！

第九章

冬姑娘的“魔法”——寒潮

一 寒潮的“神奇魔法”

盛唐的岑参在塞外生活时，有一天早晨起来看到美丽的雪景，感受到突如其来的奇寒，作出了“北风卷地白草折，胡天八月即飞雪。忽如一夜春风来，千树万树梨花开”这千古传诵的诗句，描述的便是寒潮带来的壮丽景色，北风席卷大地把白草吹折，塞北的天空降下了大雪，雪花积在树枝上，仿佛一夜之间春风吹来，梨花争相开放了一样。寒潮带来的大风、降温、大雪等给大地造成了巨大的变化，使它一夜之间焕然一新。

寒潮是一种大规模的强冷空气活动过程，一般发生在秋末到来年初春，具有降温幅度大、影响范围广、致灾严重等特征，但并不是所有的冷空气都叫寒潮。气象上将冷空气分为弱冷空气、较强冷空气、强冷空气和寒潮四个等级（《冷空气等级》GB/T 20484—2006），其中寒潮就是冷空气中的“王者”（表 9-1）。

表 9-1　冷空气等级表

等级	划分标准
弱冷空气	日最低气温 48 小时内降温幅度小于 6 ℃
较强冷空气	日最低气温 48 小时内降温幅度大于或等于 6 ℃但小于 8 ℃；或者日最低气温 48 小时内降温幅度大于或等于 8 ℃，但未能使该地日最低气温下降到 8 ℃或以下

续表

等级	划分标准
强冷空气	日最低气温 48 小时内降温幅度大于或等于 8 ℃，且使该地日最低气温下降到 8 ℃或以下
寒潮	日最低气温 24 小时内降温幅度大于或等于 8 ℃，或 48 小时内降温幅度大于或等于 10 ℃，或 72 小时内降温幅度大于或等于 12 ℃，而且使该地日最低气温下降到 4 ℃或以下，48 小时、72 小时内降温的日最低气温应连续下降

二 寒潮的危害有多大?

寒潮常带来剧烈的降温和大风，有时还伴有雨、雪和冰冻灾害，不仅会给农林业、畜牧业生产造成巨大损失，而且还会对人们的生活、健康造成严重的影响和危害！

（1）出现寒潮天气时，气温会大幅度地快速下降，气温突降容易诱发感冒、呼吸道、心脑血管等疾病。冷空气越强，天气变化幅度越大，流感的发病风险就越高。

（2）寒潮对农业的影响最大，它带来的强降温超过农作物的耐寒能力时，就会发生农作物冻害，造成严重的经济损失。

（3）寒潮带来大风、低能见度、地面结冰和积雪等现象，对航运、公路、铁路交通安全带来较大的威胁。

（4）寒潮时期出现的结冰会导致供水管道破裂、杆塔倒塌、导线断线等，对居民正常生活造成影响。

2020 年 12 月 23 日，苍南新闻网报道：近期，苍南县出现大幅降温，流感等呼吸道传染病随之来袭。在县中医院内，记者看到，因呼吸道不适前来就诊的患者显著增加，其中，尤以儿童、老年人居多。县中医院急诊科主治中医师林左豹表示，由于上周天气的突然降温，降幅甚至接近 10 ℃，导致流感等发病率增加。目前每天接诊的呼吸道病人有 30 ～ 40 人，主要以上呼吸道症状和流感为主。

2010年3月16日，苍南新闻网报道：日前，受罕见寒潮影响，我县山区、半山区气温降至0℃左右，五凤等茶叶主产区遭受严重冻害，损失巨大。估计茶园冻害总面积约3.11万亩[①]，严重冻害面积约1.34万亩，预计产量损失125吨，经济损失1825万元。

2016年1月26日，苍南新闻网报道：受寒潮影响，苍南县多地出现路面结冰情况，在104国道桥墩分水关段还发生半挂车侧滑事故。25日，金乡镇和钱库镇多条道路出现结冰情况，金乡交警中队交警在巡逻中发现，金乡往石砰必经之路出现了三四段结冰路段，全长达30多米，其中最长一段达10米，结冰厚度10厘米左右。

① 1亩≈666.7平方米。

2016年1月27日，苍南新闻网报道：寒潮来袭，宜山自来水管的爆管现象呈明显上升趋势，各村、居委会（主要是农村）都有出现水管爆裂情况。据宜山自来水厂不完全统计，该镇有上千只水表在这次寒潮中受损，水管冻裂20余处，损失金额约20余万元。

三 如何应对寒潮的“来势汹汹”？

如何应对寒潮带来的剧烈降温天气？

（1）注意添衣保暖，耳朵、手脚等容易冻伤的部位尽量不要裸露在外。

（2）注意室外防寒，尽量减少或避免户外体力活动，如确需外出活动时，尽量选择在一天中较温暖的时段，避开早晚气温较低时段。

（3）与家长一起做好房屋保暖检查及保暖用品储备。

（4）室内保持适宜的温度和湿度，适时通风换气。使用取暖设备时，避免发生烫伤和煤气中毒等意外事故。

（5）当发现室内有煤气臭味时，应赶快打开窗户，让空气流通，并及时告诉家中成人，检查煤气漏气的地方，进行修理。

（6）出入温暖的室内时，注意温度的缓冲，避免忽冷忽热造成的身体不适。

如何应对寒潮带来的大风天气？

（1）尽量减少外出，必须外出时少骑自行车。

（2）在公共场所遇到大风，应听从指挥，向指定地点疏散，到坚固结实的房屋中避风。

（3）外出时不要在树木或不结实的篷子、广告牌下面逗留、避风，注意高空坠物。

（4）看到电线结冰时，尽量避免在有积冰的电线与铁塔下停留或走动，以免被掉落的冰凌砸伤。

如何应对寒潮带来的雨、雪和道路结冰等灾害？

（1）要尽量减少外出，外出时尽量穿合脚、保暖、防滑的鞋。

（2）出行注意路面交通安全，当心路滑跌倒，尽量避免在冰面行走。

（3）走路时双手不要插入衣兜里，以防摔倒后头部或肘部关节着地。

（4）上下楼时要留意台阶，抓好扶手，防止脚下打滑。

（5）提醒家长开车时降低车速，加大行车间距，及时查看最新天气预报和交通提示，合理规划路线。

（6）不要在有结冰的操场或空地上玩耍。

四 小博士之窗

知识窗 古人的保暖智慧

寒潮作为冬季的一种正常天气现象，古代很早就有了它的记载，我们不仅能够从记载中感受到寒潮的威力，还能看到古人的保暖智慧。

（1）烧火取暖。一般人家会在炭盆中烧柴炭取暖，外面再加上一个箱形透气的笼罩，防止失火或者掉进其他东西。

（2）御寒衣物。暖和的衣服是过冬必不可少的，除了以丝棉填充的冬衣，古人还会穿上用狐、貂、貉、豹等动物的皮毛制成的裘衣，不仅保暖，还很时尚。

（3）手炉或者脚炉。手炉呈椭圆形，里边放火炭或尚有余热的灶灰，炉外加上炉罩，可以放在袖子里暖手。脚炉比手炉大，可放在脚下暖足。

（4）火炕。北方的民居一般都设有火炕，内有孔道，在冬季通过燃烧产生热量进入炕内通道来加温，这种取暖方式，直到现在，北方农村依然在使用着。

（5）火墙。古代的宫廷建筑师们将宫殿的墙壁砌成空心的“夹墙”，俗称“火墙”。墙下挖有火道，通过添火的炭口烧上木炭，热力就可顺着夹墙温暖到整个大殿。

实验窗　冬天不会起雾的镜片

1. 实验材料

玻璃杯、热水、玻璃片、纸巾、洗洁精、棉签等。

2. 实验步骤

（1）玻璃杯中倒入热水。

（2）盖上玻璃片。

（3）静置观察玻璃片是否起雾。

（4）将玻璃片取下，纸巾擦拭后用棉签涂上少量洗洁精。

（5）再将玻璃片放在玻璃杯上。

（6）静置观察玻璃片是否起雾。

3. 实验解释

热的水蒸气遇到温度比它低的玻璃片，就会结成细小的水滴，而导致玻璃片起雾。因为玻璃表面是亲水的，所以空气中的水蒸气可以附着。而涂上洗洁精后，洗洁精一半亲水一半亲油，亲水部分与玻璃亲和，亲油部分外露，相当于涂了一层“防水膜”，空气中的水蒸气不会再附着在玻璃片上，导致起雾。所以冬天在眼镜镜片上涂抹少量洗洁精是一种防止镜片起雾的办法。

观察窗

秋冬季节，绿化工人常对树木进行涂白，让树木穿上“防护衣”，确保树木安全过冬，这是为什么呢？

____

____

____

思考题

（1）查找资料，搜集一些关于寒潮的谚语、成语、歇后语等。

（2）寒潮不只会造成危害，还会带来不少好处，你知道有哪些吗？

（3）印象中有哪次寒潮过程对你的生活造成了很大影响吗？你是如何应对的？记录在下面方框里，跟大家一起交流分享吧！

附录一

气象灾害预警信号有哪些？

气象灾害预警信号是指由气象主管机构所属的气象台（站）为有效防御和减轻突发气象灾害而向社会发布的预警信息。根据2023年12月6日发布的《浙江省气象灾害预警信号和应急防御指南》，浙江省气象灾害预警信号共包含台风、大风、暴雨、暴雪、寒潮、低温、霜冻、道路结冰、冰雹、高温、干旱、雷电、大雾、霾、雷暴大风等气象灾害预警信号15类44种。

根据气象灾害可能造成的危害程度、发生的紧急程度以及发展态势，气象灾害预警信号一般划分为四级：Ⅳ级（一般）、Ⅲ级（较重）、Ⅱ级（严重）、Ⅰ级（特别严重），分别用蓝色、黄色、橙色、红色中英文图标标识（附表1）。

附表1　气象预警信号等级表

种类	Ⅳ级（一般）	Ⅲ级（较重）	Ⅱ级（严重）	Ⅰ级（特别严重）
台风				
暴雨				
暴雪				
道路结冰				

续表

种类	Ⅳ级（一般）	Ⅲ级（较重）	Ⅱ级（严重）	Ⅰ级（特别严重）
霾				
寒潮		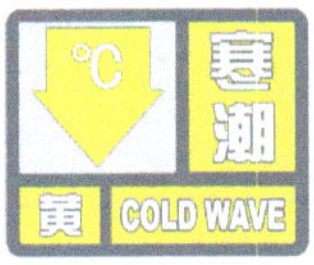		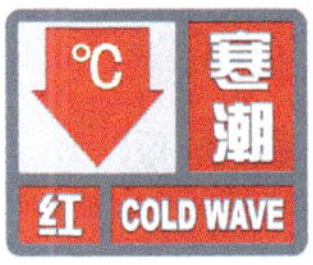
低温				
大风		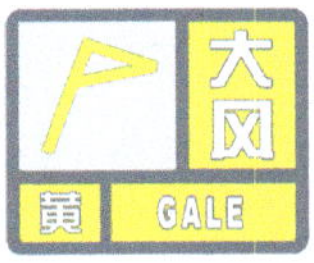		
大雾				
雷电				
霜冻				
高温			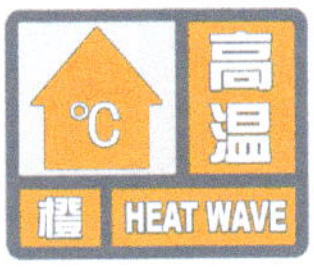	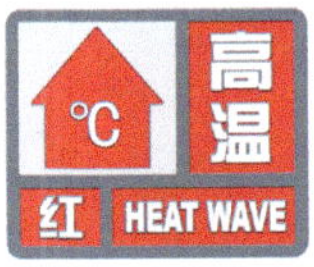
干旱				

续表

种类	Ⅳ级（一般）	Ⅲ级（较重）	Ⅱ级（严重）	Ⅰ级（特别严重）
冰雹			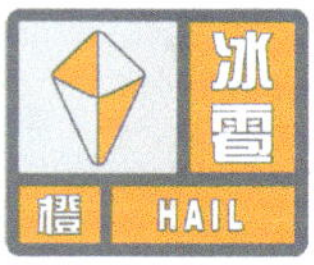	
雷暴大风				

附录二

苍南县获取气象灾害预警信号有哪些渠道?

附表 2　苍南县气象灾害预警信号公众获取途径

类别	名称	获取途径
网站	温州天气网	登录 http://www.wz121.com/main(温州天气网)，查询您所需要的预警信息
	国家突发事件预警信息发布网	登录 http://www.12379.cn/(国家突发事件预警信息发布网)，查询您所需要的预警信息
	浙江省突发事件预警信息发布网	登录 https://www.12379zj.cn/（浙江省突发事件预警信息发布网），查询您所需要的预警信息
微信	“温州天气小管家”微信小程序	在手机微信客户端最上方的搜索窗口，输入“温州天气小管家”查找，找到后添加小程序
	“国家预警信息发布”公众号	手机微信客户端可通过添加朋友，选择公众号，找到后添加关注，输入地名即可查找预警信息
抖音	苍南预警发布	抖音客户端搜索“苍南预警发布”
手机APP	智慧气象	手机 APP(应用市场搜索“智慧气象”安装使用)
	看苍南	手机 APP(应用市场搜索“看苍南”安装使用)，点击主页“部门”，下拉选择苍南气象查看预警信息
固定电话	气象声讯热线	拨打号码“96121”
电视	苍南一套电视频道	苍南一套电视频道
	苍南广播电台	FM98.9 苍南广播电台